パウロタスク

農家メシ！

幻冬舎

JN002203

岩手県にある田んぼに囲まれた田舎町——

妻の実家があるその町に僕らは引っ越すことになった

妻
なるる

漫画家
パウロ

妻は進学で岩手から、僕は就職を機に新潟から上京

東京で僕らは知り合い、結婚することになった

妻の実家は妻の母と祖母が二人で農家をして暮らしており、

男手もなく、妻が一人っ子ということもあり、一緒に暮らすことになったのだ

妻の母
すずよ

いわゆる「マスオさん状態」になったのである

さすが昔からの農家だな…

今にもタヌキとか飛び出してきそう…

はい！着いたよー

ききーッ

趣のある木造建築…

お腹すいたでしょ？

とりあえずごはん食べようね！

4

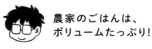
ねえ…
大皿から取るのが普通なの？

さあさあ！どんどん取ってね！

んじゃ！

ウチの実家は一人ずつ、小鉢とかで出てくる感じだったから…

洗うお皿が増えて大変じゃん！

いちにんまえ！

こっちの方が合理的で楽でしょ！

たしかに…

納得できるけど慣れない文化だなぁ…

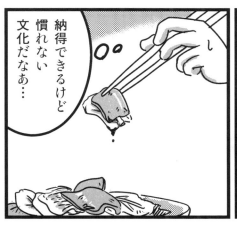

7

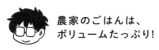

農家のごはんは、
ボリュームたっぷり!

野菜の旨味もある上に、
味付けがご飯に合うし…

ご飯そのものも
めちゃくちゃ
うまい!

やっぱり
鮮度って
大事なんだな…

味、
大大木っ

ハッ

普通の食事なのに
全然味が違う!

これが毎日に
なるのか…

ありがたい
ことだなあ…

9

10

農家のごはんは、
ボリュームたっぷり！

11

\\んまーい！//

C O N T E N T S

採れたてほやほや！本当の新米のおいしさ

「農家」と聞くと「米」をイメージする人が大半ではないだろうか

岩手は九月下旬〜十月が収穫期だが…

我が家はそのイメージ通り、米が収入のほとんどである

そこに至るまでの道のりは容易ではない

本格的な米作りは四月にスタート

まずは種の発芽から始まり

ビニールハウスで温度や水を保ち、苗を育て…

五月になると田植えとなる

その後は天候に応じて水量に気を配り…

うおおおおお!!

害虫対策なども行った末…

半年近くの時間をかけてようやくできあがるのだ!

新米の検品も無事に終わったよー

収穫も終わり…

ということで、今日はこの新米をみんなで食べよう!

ヒャッハー!!

新米を炊く際は
水は少なめでいい

ピチャン

米自体に含まれる
水分が多いからだ

ピッ

炊けた——！

数十分後…

なんかほんのり
甘い匂いする〜！

お好きな
食べ方でいいけど
何にする？

じゃあ…

先に混ぜておきたい派
としては実に
ありがたい道具……！

カッ

しょうゆは
イメージより
多めに入れて……

こぼさない程度に
一気に混ぜる！

そーっとホカホカ
ご飯にかければ……

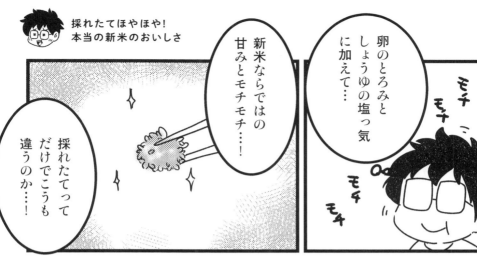

古米だって
メリット
あるんだよ！

硬くて粘りがない分、
お寿司とかチャーハンは
古米の方がいいでしょ？

たしかに！！

チャーハン好き→

新しいのがいいのは
もちろん、古米にも
違ういいところが
あるんだな…

さすが日本の主食、
万能すぎる…！

そんな米を
たくさん食べられる
幸せ…

ありがたく
噛み締めましょう！

23

春の一大イベント、種まきのあとは…

四月に入り、植物の芽吹きが春を感じさせてくれる頃…

その日はご近所さんの家に向かっていた

おはようございまーす！

おはようです！

どおも──っ

ご近所さん
Sさん夫婦

今日は「種まき」を行う日なのだ

よろしくお願いしまーす

こちらこそ！

「種まき」とは…

「育苗箱(いくびょうばこ)」と呼ばれる箱に米の種モミをまく作業のことである

「播種機(はしゅき)」と呼ばれる専用の機械を使用し…

① 育苗箱を並べる

② 土を敷く

③ 水を撒く

④ 種をまく

⑤ さらに土を被せる

ことで種を発芽させるための土台ができあがる

ウチは約二百箱だが、Sさんの家は七百～八百箱はまくので、合わせるとかなりの数になる

まいた種は「育苗器」で発芽させる

ズゥゥゥン…

うへ～

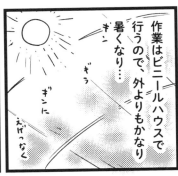

作業はビニールハウスで行うので、外よりもかなり暑くなり…

ギー…ぎぅ…ギーに…えげっなく

それほど動かなくても汗だくになる

ゼーッ　ゼーッ

土を補充する係 →

作業は午前中のみで二日に分けて行われる

この日もちょうどお昼前に作業は終了した

じゃあまたね—

ゼェ　ゼェ

ごくろっさま

すぐごはん温めるから！着替えてきて

はーい！

さあ、食べましょ！

お！

26

いっただっきまーす

我が家では
「漬物」が常に
食卓に出ている

カブの
浅漬けだ～

わー
っ

もちろんその種類は
カブに限らず、
大根やキュウリ、
ナスや白菜など…

汗をかいた後に
このしょっぱさは
染みる…!

く
う
～
～
っ
!!!

使われる食材から季節を
感じることができるのだ

コリ

はーるですねぇ♪

27

家で漬物を食べるようになるとはなぁ…

僕は実家で漬物を食べた記憶がない

その理由は単純

母が漬物嫌いだったから

作る人の特権じゃい！

バウワ母 →

え…漬物って普通においしいじゃん

大人になって定食屋に通うようになってから食べ始めたため「漬物は外で食べるもの」というイメージができていた

如月亭

岩手に来て初めて漬物を家で食べる習慣がついたのであった

春の一大イベント、
種まきのあとは…

またカブでも
漬けるじゃ！

どう作るんだ？

我が家の漬物は
すずよさんとマツさんが
それぞれ漬けている

水気を切ったのち、
それぞれ適当な大きさに切る

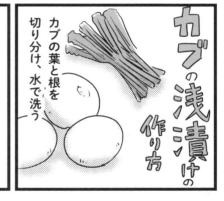

カブの浅漬けの作り方

カブの葉と根を
切り分け、水で洗う

漬物樽に切った葉と根を入れ、
塩水を注ぐ

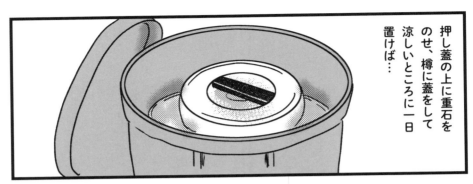

押し蓋の上に重石をのせ、樽に蓋をして涼しいところに一日置けば…

「カブの浅漬け」の完成である

漬物ってしょっぱくて他のおかずなしでご飯が食べられるからダイエットにもいいよなあ…

コスパすげぇ

30

ここにも
カブの葉が！

余ったのを
入れました－！

味噌汁も
どーぞ！

すごい…カブと米
だけで、ザ☆日本食が
できてしまった…

和。

カポ－－ーン

ジャンクフードと肉が
大好きだった過去の自分
からは想像もできないな…

肉！

油！

31

素朴な食事を楽しめるようになったのは加齢のせいか…

フォッフォッフォ

それとも…

ズズズ…

ふぅ…

日本人のDNAみたいなものが根っこにあるのか…

環境の変化に適応してきてるのかもしれない…

楽しめる食事の幅が広がるって幸せだね〜…

ちなみに浅漬けは
発酵させるぬか漬けと
違って、それほど
日持ちしないので注意
してほしい

我が家の消費期限の
判定基準は…

この漬物、
数日経つけど
平気かしら

どれ！

グー！

クン
クン

「マツさんの鼻」である

よかったーっ！

まさか
だけど…

食中毒とか
出たことないから
すごいよなあ…

高齢者の長年のカンは大切にして
いきたいと思うのであった

米農家なのに、白米がない!?

最高の線一本を引くために全身を集中させているからだ

漫画を描くことは肉体を酷使する仕事である

いざっ！

クワッ！！

あーっ！
しまったーっ！！

タ

バタ

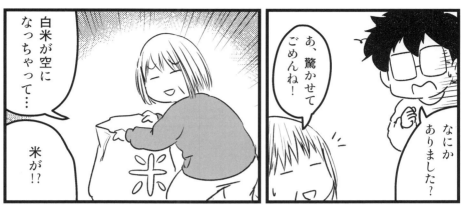

白米が空になっちゃって……　米が!?

あ、驚かせてごめんね!

なにかありました?

いっぱいストックあったじゃないですか!

あれがなくなったわけじゃないんだけどね…!

食べるには「精米」が必要なのよ!

あれはまだ玄米だからそのまま使えないの!

そうなんですか?

一人暮らしの頃は気にせず買っていたお米…

研げばすぐに炊けると思っていたが…

自家製の我が家の米はその前の「精米」の工程が必要だったのだ！

精 ⬇ 米

玄米

炊く → 白米

炊く → ご飯

ガソリンスタンドの隣に「精米機」があるからそこでお願い！

あの小屋みたいな！

ってことで精米してきてくれる？

どこか行かなきゃいけないんですか？

36

地方では
コンビニくらいの数が
あるのではと思わせる施設
「コイン精米機」

よく思い出すと
地元にもあったが
これまで行ったことは
なかった

ずっと何のために
あるのか
わからなかった
けど…

精米前の玄米の状態で
保存している農家の
ためだったのか…

ここで重大な
問題がある…

この機械
どうやって使うの!?

誰トク！
精米機の使い方

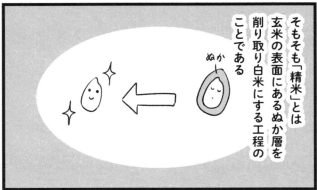

そもそも「精米」とは
玄米の表面にあるぬか層を
削り取り白米にする工程の
ことである

ぬか
か

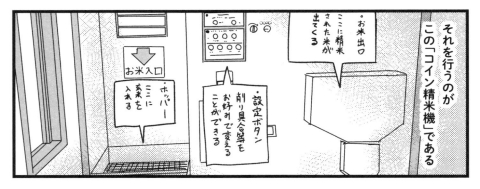

それを行うのが
この「コイン精米機」である

・お米出口
ここに精米
された米が
出てくる

↓
お米入口

・ホッパー
ここに
玄米を
入れる

・設定ボタン
削り具合等を
お好みで変える
ことができる

まずはお金を投入する

だいたいは
10キロ
100円

ホッパーに玄米を投入する

ザーッ

お好みの設定を決める

「もみ」か「玄米」か
らかのボタンを押して下さい

もみ
玄米

・「玄米」
「標準」に
しておけばOK！

標準

米農家なのに、
白米がない!?

設定を決めた瞬間、
精米機がスタートする!

ゴウン ゴウン ゴウン

作動してまもなく…

ジャラ ジャラ ジャラ

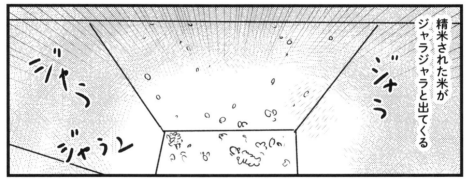

精米された米が
ジャラジャラと出てくる

ジャラ

ジャラン

たまったら白米を袋に
入れていけば完了である

この袋に一気に
落とす瞬間が
気持ちいい…!

ジャーッ

たしかによく見ると
白くなってる…!

無事精米を終えて外に出ると…

がらら

ぎょっ！！

スズメの大群に囲まれていた

鳥圧がすごい！！

チュチュン

チュン チュン

チュチュン チュン

こぼれた米をついばむためだろうか…精米機周りはいつもやつらに囲まれているのだ

ピイイ…

めっちゃこっち見てくる…

それでもなんとか無事に精米された米を届け…

ありがとー

夜を迎えた…

では…

いっただっき

まーっす!!

回鍋肉。

今夜のおかずはホイコーローですよ！

我が家のキャベツ使ってまーす!!!

めちゃくちゃご飯が進むやつだ！

はむっ

タレをご飯に絡めて…

ピリッとしながら濃い味付け…！

んま～い！

ご飯のお供にぴったりだよなぁ～…！

パウちゃんは中華料理好きだよねぇ～！

ご飯に合うから好きなんだよ！

大したことじゃないけど、
自分がひと手間に絡んで
いるからかな…

愛着が湧いて
いつもよりおいしく
感じる…！

ご飯に限らず、他の野菜も
一緒だよな…

自分で育てることで
愛着が湧くもんね…

ご飯をおいしく
食べる調味料に…

「愛着」も
あるのかもな…
なんてね

ご近所と助け合い。おすそわけが食卓を彩る!

田舎は静かで
落ち着いていると
思われがちだが…

思った以上に騒がしい
ものなのだ

…って

お客様かぁ…!

ハチ! 散歩の時間は
まだだろー…

どうもぉ〜！

ご近所さん
Sさん

すずよちゃん
忙しいとこ
ごめんねぇ！

あらあら！
こんにちは〜！

なになに？

今度の
婦人会の
ことだけど…

人が少ない田舎だが
来客は多いのだ——

これはなんやかんやで
一時間は話すな…

メールやSNSで
市町村のお知らせや近所の人同士の
やりとりを行う自治体も多いが…

ウチの町内は回覧板や
お知らせの紙を直接もってくるなど、
対面でのやりとりが中心だからだ

集会のお知らせ〜

受け渡すのは
そんな情報だけではなく…

草もち作ったから
食べて〜！

あら！
悪いねぇ！

いいのよう！

いわゆる
「おすそわけ」
文化である

作った料理に限らず、
それぞれが収穫した野菜など、
材料単位のやりとりも
ざらに行われている

OSUSOWAKE

お互いの助け合いで
食卓を豊かに変えていく…

昔からの知り合いばかりが
集まっている田舎ならではの
光景であった

ほー！
うまい！

今日
Sさんから
もらった！

46

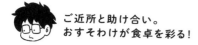

おおきいね

Sさんから干ししいたけもらったんだって！

へえーっ！

なにを見てるの？

パウちゃん！

Sさんの家はしいたけの栽培までしてるの？

そうみたいね！

昔はウチでも栽培してたよね！

そうなん？

やってたねー

しいたけの栽培には二種類の方法がある

○原木栽培
天然原木に菌を打ち込む

○菌床栽培
おがくずを固めた菌床で作る

かつて我が家で行われていたのは「原木栽培」

収穫までに時間がかかり天候などにも左右されやすく、手間がかかる方法ではあるが…

天然の原木を使用することで独特の香りや味わいがあり、肉質のしっかりしたしいたけができるのだ

…その方法をSさんの家もやっていると？

そうみたいだよ！

そんなのどこでやっているんだろ…？見たことないけど…

さぁ…？

土地だけはたくさんあるからねぇ…

たしかに…

山間部にも土地があるらしいし、家の裏の林とかでもできそうだもんな…

と、いうことで！

今日の晩ごはんはこのしいたけを使わせてもらいましょうか！

わーい！！

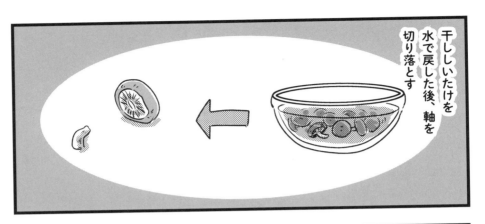

干ししいたけを水で戻した後、軸を切り落とす

フライパンにサラダ油をひいて鶏もも肉に焼き色をつける

そこにしいたけ、戻し汁、水、酒を加えたら蓋をして蒸し煮にする

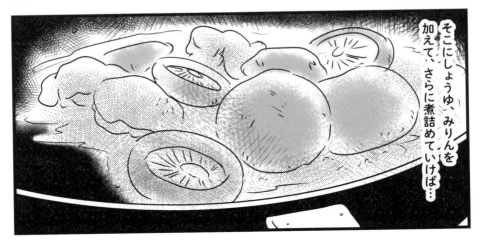

そこにしょうゆ、みりんを加えて、さらに煮詰めていけば…

50

しいたけと鶏肉の煮物のできあがり！

さあさ！食べましょ！

いただきまーす！

カプッ

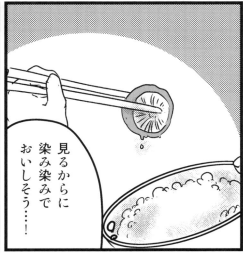

見るからに染み染みでおいしそう……！

旨味の大洪水や〜！

んまーい！

しいたけの旨味が
口内に染み渡る…！

戻し汁も使うから
味がしっかり
出てるねえ！

ほんと
だねえ…！

それぞれが
お互いに染みてる…

食材同士も
おすそわけの
精神だ…

しいたけ
だけじゃない…！

鶏肉の旨味も
しっかり出てる…

マツさんこそ
食べて食べて！

もう十分
食べてるよ！

ほらほら、
たくさん食べて！

んじゃ！

マツさんは
いらないよねぇ？

普段、家で出ない食材の
おすそわけは
家族の弱点も
あらわにしてくれるのだ

マツさんの
弱点だ！

キノコだけは
嫌いじゃ！

・コタツ片付け（られ）ました

五月に入り岩手もポカポカ陽気になってきました

大集合！

「農家のゴールデンウィークは田植えで終わる」とよく聞くが…

※イメージです

ガガガガガガガガ

この時期になると毎日どこからかトラクターの音が聞こえてくる

ガガガガガガガ

ウチの地域は少し遅れており、だいたいゴールデンウィークに行われるのは「田起こし」という作業になる

「田起こし」とは田んぼに肥料を撒き、

ローカル肥料

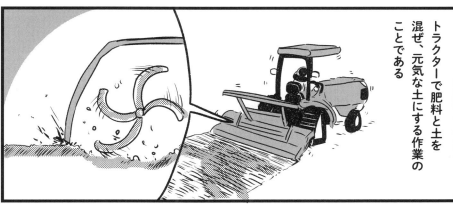

トラクターで肥料と土を混ぜ、元気な土にする作業のことである

一見するとただ田んぼをトラクターで回るだけの作業のようだが、稲を元気に育てるための大切な基本の作業である

ガガガガガ

ぐるぐる何周もするからなぁ…

ゴールデンウィークで仕事が休みの
妻・なるるも手伝っている

暑いよ〜！

あ、
おつかれ！

仕事があって
手伝えなかった

疲れたよ〜！

聞いて！
今日初めて
トラクターに
乗ったの！

どうだった？

めちゃくちゃ
怖かった…!!

容易に想像
できるわ…!

ガガガガガ

ヒィィィ!!

だから疲れたから労って!

甘いの食べたい!

買ってきまーす

「甘いの」って時は…ピーナツチョコで喜ぶからな…

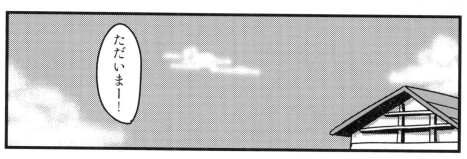

ただいまー!

ん〜っ!

さすがパウちゃん!私の欲しいのわかってるねえ!

いつも同じの食べるからなぁ…

57

次はしょっぱいの食べたくなった

1個食べる？

甘いの食べながら言うなよ…

でも、この気持ちあるあるでしょ？

ありがと

そうだけど…

あいにく、しょっぱいお菓子は買ってきてないよ？

そだねぇ…

もうすぐ晩ごはんだしそっちをしょっぱくしてもらうか…

すずよさんに言ってこよーっと

ピューーッ

もう十分元気取り戻してる気がするけどなぁ…

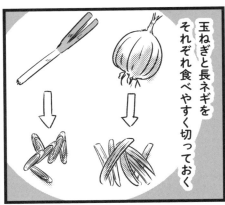

玉ねぎと長ネギを
それぞれ食べやすく切っておく

エビは殻と背ワタを取り除き、
片栗粉をまぶしておく

玉ねぎ、長ネギ、エビを
順に入れ、ごま油で炒める

火が通ったら、
水、片栗粉、豆板醤、
オイスターソース、酢を
入れて具材と絡めて、
味を整えれば…

長ネギたっぷりの
エビチリ完成でーす！

いっただっきまーす！

さあさあ！
召し上がれ！

これは長ネギの
緑が合わさって…

ぱっと見、エビチリ
っぽくないなぁ…

普通のエビチリって
赤一色のイメージ
だけど…

赤一色！

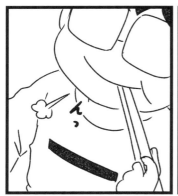

さて、お味のほどは…？

あー…

んまーーい！！

豆板醤の辛みがピリッと効いてるけど…

玉ねぎの甘みのおかげでちょうどいい辛さになってる!!

辛くて汗が出てくるねえ！

だね！

じんわりにじんできてるわ！

辛みで食欲も
増してるのか…

汗かきながらも
どんどん
食べちゃう…！

もぐ
ぱく

パウちゃんや

ヒョイ

どした？

食べすぎた！

って言ってたら

でぷん

辛いの食べたら
アイス食べたく
なったから
一緒に食べよう！

永遠に
食べ続ける
気なの！？

暑さによる食欲不振も
危険ですが、
食べすぎにもご注意を

63

アスパラガスで春を感じる

ある休日のこと

仕事中 →

休日なので
よく寝る ↓

なる
ちゃーん！

ふぁい

おばあさんと
種を買いに
行くから！

お米炊いて
おいて！

ふぁーい！

最近、よく
種を買いに行くねぇ…

ブロロロ…

ふぁぁ…

スヤァ…

二人が頻繁に野菜の種を買いに行く
ようになると春を感じる

二人は田んぼの作業を
こなしながらも畑作りに
毎日勤しんでいた

どこになにを
植えるか話し合い
↓

暖かくなって野菜の栽培に
適した季節になったので…

ポカ

ポカ

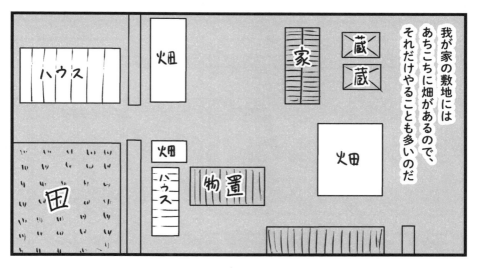

我が家の敷地には
あちこちに畑があるので、
それだけやることも多いのだ

ハウス

畑

家

蔵
蔵

畑

田

ハウス

物置

畑

ある日、冬の間
使われていなかった
ビニールハウスに
フィルムを
かけることになった

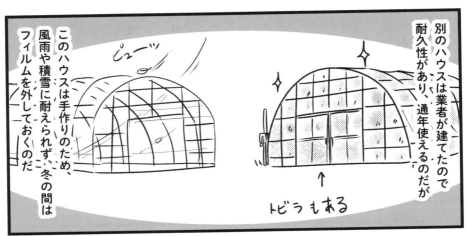

別のハウスは業者が建てたので耐久性があり、通年使えるのだが

このハウスは手作りのため、風雨や積雪に耐えられず、冬の間はフィルムを外しておくのだ

ピュ──ッ

トビラもある

次に少し隙間の空いた筒に小さく切ったフィルムを挟み…

まずは、脚立を使いながら手でフィルムをハウスにかけていく

ハウスの骨組みにパチパチはめて、フィルムを留めていく

パチ

パチ

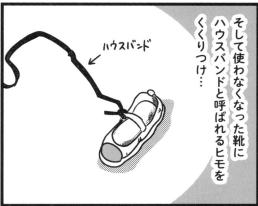

そして使わなくなった靴にハウスバンドと呼ばれるヒモをくくりつけ…

ハウスバンド

ハウスの側面から反対側に向かって…

いきますよー

投げる！

ポーーーイ

そして、靴からバンドを解き両端をハウスの骨組みにくくれば…

フィルムがハウスに固定され
風でバタつかなくなり…

手作りハウスが
完成となるのだ

靴を重しにするところに
試行錯誤を感じるわ…

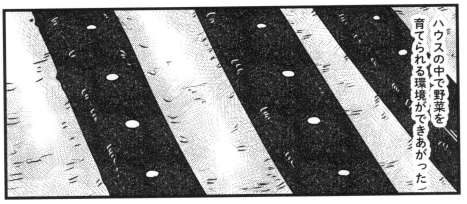

ハウスの中で野菜を
育てられる環境ができあがった

お！

こうして、新しい野菜を作る
準備が進められていく中、
収穫の時期を迎える野菜もある

アスパラガスだ!

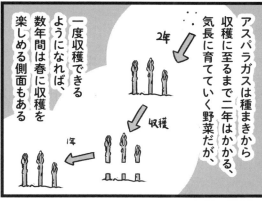

アスパラガスは種まきから収穫に至るまで二年はかかる、気長に育てていく野菜だが、

一度収穫できるようになれば、数年間は春に収穫を楽しめる側面もある

2年

収穫

は

この食べる部分は「茎」にあたるらしいが…

「茎」を最初に食べた人を尊敬するよ…

あ!アスパラそこに置きっぱなしだったね

じゃあ今日はこれを使って春感のあるおかずを作ろうかね!

お願いしまーす!

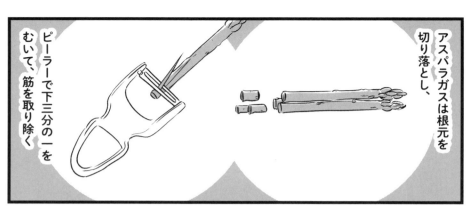

アスパラガスは根元を切り落とし、

ピーラーで下三分の一をむいて、筋を取り除く

アスパラガス、春キャベツ、豚バラ肉を食べやすい大きさに切り…

フライパンで豚肉から炒める

その後、アスパラガス、キャベツの順に炒め、焼き肉のタレやしょうゆ、酒で味を整えれば…

ジュー

ジュー

70

春野菜をたっぷり使った
焼き肉風味の
野菜炒めでーす

いただき
まーっす！

硬すぎず、
柔らかすぎず…

箸でもった感じ
ちょうどよさそう…！

パク

コリッとした食感から
感じる苦みと
タレの旨味が
絡まってくる…

噛むのが
楽しい!!

ポキ

一気に口へ!

次は他の具材も
全部つかんで…

アスパラのコリコリに
キャベツのシャキッと、
そしてお肉の
柔らかさ…

一口で全く違う
歯応えが一緒になって
襲ってくる!!

んまーーい!!!

コメのもっちり感も
足して、歯応えの
フルコンボじゃーい!

ここで
トドメの
ご飯!

これが加わるだけで
こんなに楽しめる…!

いいなあ
アスパラガス…

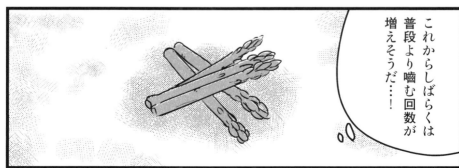

これからしばらくは
普段より噛む回数が
増えそうだ…!

のんちゃん!
ごはん食べよー

いこいこ!

四月に種をまいた
米の苗がかなり育ってきた

苗見ててくれたの?
ありがとう〜!

ナ゛!!!

そして数日後…

ついに我が家でも田植えが始まった

では、機械の運転手以外はただ見ているだけなのだろうか？

全てを手で植えるのはもはや昔の話

一部を除き、機械で植えるのが当たり前

ガガガ…

実は、植える以外にも色々やることがあるのだ

苗を箱から出したり

機械に苗がなくなる前に補充したり

追加の苗を家まで取りに戻ったり

文字にすると大したことではないが、一人でやるのは相当の重労働になる

田植えに人手がいるのはこういった手間の多さからなのだが…

核家族化が進んだ現代、頼れる親戚も少なくて大変だよなあ

実際に体感することで、農業の人不足を漠然と考えさせられる

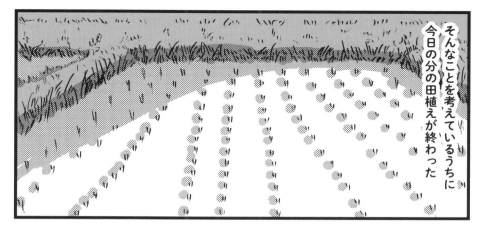

そんなことを考えているうちに
今日の分の田植えが終わった

夕日が照りつける
帰り道

近所の田んぼの中には未だ
せっせと作業をしている家もある

見たところ、夫婦二人だけでやっているよう

先ほどの漠然とした不安はもう現実なんだと実感した

ありや大変だ…

じゃあ、またねー!

どぅも〜

我が家も親戚夫婦が手伝いに来てくれるおかげでなんとか回っている

パウロさんもありがとうねぇ!

いえいえ!

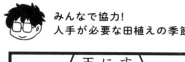

いいよ！

すずよさん
にんじんと
玉ねぎ使うよ！

なるちゃん

おつかれ！

ニョキ

今夜の
おかずは
なにかしら？

いえす！

グッ！

晩ごはん
作って
くれるの？

わっ！！

今夜は
「酢豚」を作りまーす！

豚ロース肉を一口サイズに切りおろしニンニク、おろし生姜、酒と一緒に揉み込み、片栗粉をまぶす

もみ もみ

にんじん、玉ねぎ、ピーマンを一口サイズに切り、にんじんは電子レンジで加熱しておく

CHIN!

各種調味料を混ぜてタレを用意する、

・酢
・しょうゆ
・とりガラスープの素
・水溶き片栗粉

フライパンで豚肉を炒めたのち、他の野菜も炒める

ジュ

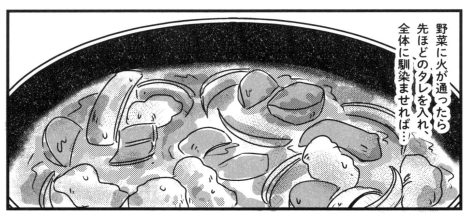

野菜に火が通ったら先ほどのタレを入れ、全体に馴染ませれば……

さくっと酢豚の
完成でーす!

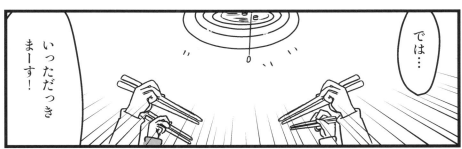

では…

いっただき
まーす!

安全に
できるなら
全然
OK…!

あ
ー
…

お肉揚げない
酢豚なんだね

わたし、
揚げ物
怖いんよ!

んまーい!!

甘酸っぱい〜!!

疲れた身体に
酸味が染みる…!

!

なるちゃん、
酢豚、ご飯に
かけてるの？

妻はおかずをご飯に
かけて食べるのが大好きだ

いいでしょ!

たまには
マネして
みるか！

やって
みて〜

使うお皿も減るし、
何よりおいしい
じゃん！

一理ある……！

こういう
ぶっかけ
ご飯って……

お行儀悪いけど
おいしいよなぁ〜！

うんまーっ

見た目が悪くても
ついやっちゃう……！

だよねー

うまいねー

このうまさ、
田植えみたいに
ご飯と酢豚が協力しあって
できてるんだな…

食卓で夏を感じる夏野菜

適宜休憩とって、

今日も暑くなりそうですが…

…てことで

作業の方、よろしくお願いします!

うーっす!

んじゃ行くべ!

はい!

今日は農業用水路の草刈りを地域のみんなで行う日である

農業用水路は公共の土地で周囲の田んぼに水を入れるという重要な役割がある

そこの雑草を放っておくと害虫などがわくので放ってはおけない

じゃあやるか！

はい！

水路の土手は水際に向かって下り坂になっている

坂はまだ慣れないなあ…

おっと…

不安定な足場に…

もし転んだりしたら…

あっ…

ツルッ

こええ…

ウィイイイイイイーン!!

高速回転する刃…

チラ

やっぱりベテランのみんなはサクサク刈っているなあ…

ヴァアアアアイイーン

水路の草刈りで難しいのはこれだけではない

ありがとう
ございました！

それでも作業は順調に
進んでいき…

ただいまー！

おかえり！

…あら

そういえば
顔がヒリヒリ
する…！

ケラケラ

ずいぶん日に
焼けたねぇ〜！

ほんと？

これ、今日
採れたの？

そうよー！

もうこんな
日に焼ける季節に
なってたんだなぁ…

ヒリ ヒリ

おいしそうな
ナス〜！

まだこの四本
だけだけどね！

さっそく今日の晩ごはんに
使うからお楽しみに！

ハーイ

味噌、しょうゆ、酒、みりん、水をボウルに合わせる

ナスを小さく切り、水にさらす

ごま油でおろしニンニクと豚肉を炒める

その後、ナスを入れてさらに炒める

ジャアアア…

そこに、先ほど合わせた調味料を入れ、さらに炒めていけば…

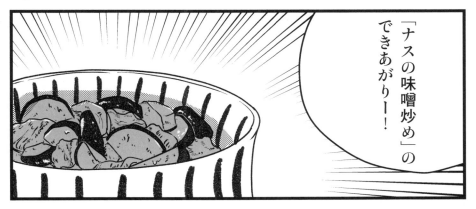

「ナスの味噌炒め」の
できあがりー！

味噌がたっぷり
染みてておいしそう…

さあどーぞ！

いっただき
まーす！

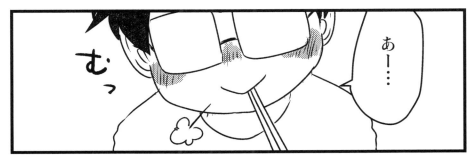

あー…

むっ

汗かいたから
これくらいの
濃さが嬉しい……

んまーーッ

新鮮なナスに
味噌やニンニクの
味がしっかり
染みてる…

甘じょっぱくて
濃厚だ〜！

しかし、
異論はない……！

これ、ご飯に
かけたら絶対
おいしいやつ〜！

出たな！
ご飯すぐのせ女子！

うまーっ！

だって絶対に
おいしいもん！

パッ
パッ

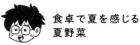

おいしかった〜

夏野菜の
季節になった
ねえ〜

そうだねえ…

日焼けも
するように
なったし…

たしかに！

食卓から
夏を感じる
ようになるね！

これからまだまだ、
暑くなるんだなあ…

土地への愛を感じる、ご祈禱（きとう）の風習

田んぼが広がる農地には時々、背の高い木々が覆う土地がある

そこだけ避けられているように

ここにはなにがあるのだろうか？

一つは普通の民家

ここにもあるのか…

このような古い神社は近所のあちこちにある

そしてもう一つが古くからある神社や祠（ほこら）などである

また、民家の土地の隅にも小さな社があるなど、田舎の人の信心深さが窺える

ある日…

ご祈祷…
ですか？

そう！

モキュ モキュ

近所にいる親戚だけで
集まって、神社で
宮司さんにご祈祷して
もらって…

その後神社の
集会所でごはんを
食べるの！

その時の道具や料理の準備を
六つの家で順番に
やっているんだけど…

今年は我が家が
その順番なの！

2018

2019

2020

今度の日曜だから
当日、諸々の準備を
手伝ってね！

仕事もギリギリ
なのでお手柔らかに…

ハーイ！

そして日曜日…

早めに来て、集会所の掃除やテーブルのセッティング

準備したお弁当や手作りの副菜をすぐに出せるように用意する

手作りおかず

汁物

仕出し弁当

こんにちは〜

あの人が宮司さん…？

おじいさんみたいな人が来ると思ったら…若い人だなあ…

なるちゃんの
中学時代の
同級生でーす

どうも〜

同級生！？

同級生が神職
ってすごいなぁ…

お久しぶりで

お元気そうで

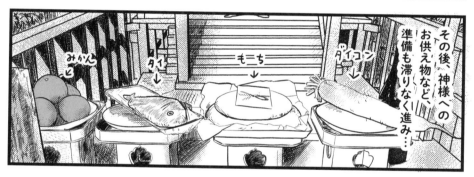

その後、神様への
お供え物など、
準備も滞りなく進み…

みかん↓

タイ↓

もーち↓

ダイコン↓

他の参加者も集まった

ゾロ　ゾロ

こうして無事に
ご祈禱を行うこと
ができた

97

ほい、おかず取って隣に回して！

仕出し弁当イケる〜

んまー〜

モグ

冬瓜のあんかけでーす

ほーっ！

でも、冬瓜って名前のわりに夏に採れるんだね！

常温でも数カ月はもつ珍しさかららしいよ！

はよとれ

たしかに、昨日家に巨大冬瓜があったな…

1トウガン≒1ネコ

ナー！

冬瓜は食べやすい大きさに切ったのち、皮を厚さ五ミリほどむき、中のワタや種の部分を除く

その後、湯を沸かした鍋で軽く下茹でする

しょうゆ、みりん、酒を加え、十分ほど煮込んでいく

冬瓜のあんかけのできあがりである

水溶き片栗粉を加えとろみをつければ…

いただきまーす！

では
さっそく…

ーんまーーい！

濃すぎない程度に
しっかり旨味も感じる！

とろっとしたあんと
柔らかくなった
冬瓜の食感が心地いい…

む

大きいのがたくさん
採れるから、こんな時でも
自家製で対応できるのは
いいことだ…

他の人たちも
おいしそうに
食べてる…

今日は
おつかれさま！

↑
弁当の残り

いえいえ！

助かったよ！

昔から今まで続く
風習か…

みんな自分の育った土地の
風習は大事にしたいよね

いつかはあなたたち世代が
中心になってやって
いくことになるからね！

忙しいだろうけど、
できるだけ参加して
覚えていってね！

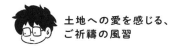

この土地はちゃんと
愛されてるんだなあ…

地元に居続ける
宮司さんや
Uターンした
なるちゃん…

何年、何十年と
ここで暮らせば…

ズズ…

僕は他から
来たからまだ
実感は薄いけど…

土地への愛着や、
土地の神様への
信心も湧いてくるのかも
しれないなあ…

お椀の中で和洋折衷！ズッキーニのお味噌汁

稲が育ってきた七月頃、米作りは新しい作業に移る

「溝切り」とは稲と稲の間に溝を掘る作業で、

それは「溝切り」と呼ばれている

排水をスムーズにしたり、地中から湧く、稲にとって有害なガスを抜くための大切な作業である

よいっ…

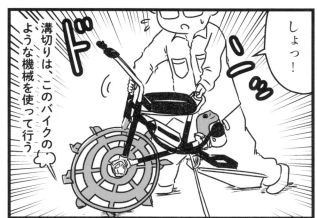

溝切りは、このバイクのような機械を使って行う

しょっ!

「溝切機」という名称で、まさに溝切りのために作られた専用機である

製品名で笑わせにくるのやめてくれ…

田面ライダーX

これに乗って田んぼの中を進むだけでキレイな溝を掘ることができるのだ

105

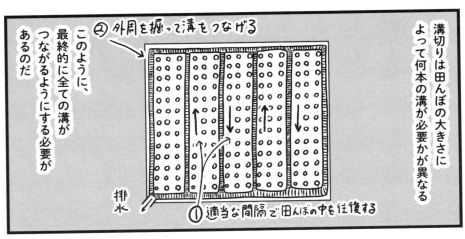

溝切りは田んぼの大きさによって何本の溝が必要かが異なる

② 外周を掘って溝をつなげる

このように、最終的に全ての溝がつながるようにする必要があるのだ

排水

① 適当な間隔で田んぼの中を往復する

溝切機で掘った後、溝の交点をキレイにつなげれば完成である

ドーーン

機械がほぼ自動で掘り進んでくれるので、一見楽な作業ではあるが…

ブイーーン

問題は方向を変える時

一回持ち上げて外に出なきゃ

ゴン

前輪に泥が絡まってめちゃくちゃ重くなるのだ！

重〜い!!

プル

グチャァ

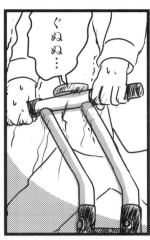

ぐぬぬ…

溝を掘る度に重くなっていくので一面終わる頃には上半身は汗だく、下半身は泥まみれになってしまう

ゼ———ぃ

ゼ———ぃ

その重量はあたかも、泥が意思をもって溝切りを邪魔しているかのようである

お

お

なんとか作業を終え…

ジャーーーッ

使った溝切機を
キレイに洗い、

バシャシャー

泥まみれになった服を
外で水洗いし、

ゴウン
ゴウン

洗濯機に放り込んで、洗う…

ゴク
ゴク

生き返る〜っ!!

ここまで片付けて
飲むお茶は
まさに至福の味なのだ

※熱中症にならないように、こまめな水分補給を心がけましょう。

なんだこの
黄色いの……？

パプリカでも
かぼちゃでもないし…

それは
「ズッキーニ」
だよ！

ええ!?

もっとキュウリみたいな
イメージですけど…!?

→ よくある
の

でかい
丸

丸ズッキーニっていう
種類もあるんだよ！

これでお昼ごはん
作るから
どんなもんか
試してみてよ！

はーい！

109

ズッキーニはヘタを取り、一口サイズに切る

油でサッと炒めたのち…

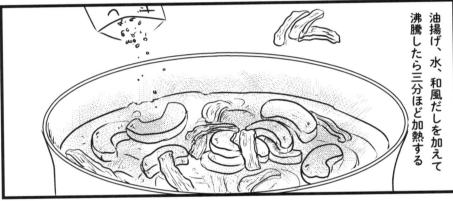

油揚げ、水、和風だしを加えて沸騰したら三分ほど加熱する

一度火を止め、味噌を溶かし入れて一煮立ちさせたら…

ズッキーニの味噌汁のできあがりー！

ではさっそく…

召し上がれー！

いただきまーす！

ズッキーニからいただいてみますか！

パクッ

ナスにも負けない万能食材なのでは？

洋モノ野菜なのに、日本の味噌とバッチリ合うもんな…！

和洋折衷

これがバッチリ再現されてる！

このお椀の中で…

It's a Small World !!

この片田舎の小さなお椀に世界平和の一歩があるんだなぁ…

113

ジリ

ジリ

…ふぅ～

あちぃ…

午前中でこの暑さ…
今日は気をつけて作業
しないとなあ…

おはよう
ございまーす

きた
きた！

おはようー

114

じゃあさっそく行きますか！

うーい！

今日は近所のみんなで一緒に行う農作業である

八月になるとついに稲に穂が出始めるが

カメムシがその穂を吸うようになるのだ

吸われた穂から採れる米は「斑点米」と呼ばれ、品質が低下してしまう

斑点

斑点米

ブロワワ……

その被害を避けるため、カメムシよけの薬を撒くのだ

山の水を巨大タンクに汲み上げ

そこに水溶性の薬を入れて準備する

ドドドドド

ドッドッドッドッ

つ、し、到着ー

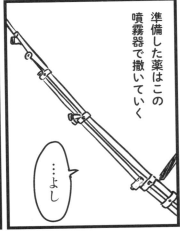

準備した薬はこの噴霧器で撒いていく

…よし

じゃあ始めるかー

おうよ！

ブシャーーッ

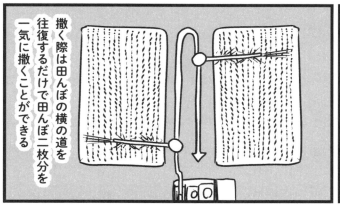

撒く際は田んぼの横の道を往復するだけで田んぼ二枚分を一気に撒くことができる

噴霧器をつなぐホースは重いためみんなで引かなくてはいけない

四世帯分の田んぼとなるとかなりの数なので、この作業は数日にわたって行われるのだ

これを何度も繰り返して全員の田んぼのカメムシ対策を進めていくのだ

次はすずよさんの田んぼか！

じゃあ、パウロくんが撒く係だな！

ひいい…

ズシ

じゃあいくよー！

はーい！

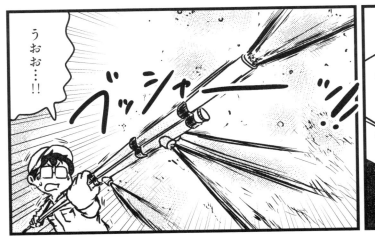

うおお…！！

ブッシャーーッ！！

カムッ

水の勢いが
強くて…

腕に力が
入って
しんどいのと…

グッ…

刺すような日差しが
背中からガンガン
照りつけてきて…

汗がだくだく
出ちゃう…！

ギュ
ギン
ぎう

そんな感じでてんやわんや
しながら…

…よし

ここも
撒いたか！

ざぁ
ざう

119

冷え冷えだ〜！

切ってもらって
食べよう！

お待たせ
しました〜

いっただっき
まーす！

ささっ！
どんどん食べてね〜！

わーい！

121

んま〜い！！

冷た〜い！
あま〜い！

熱くなった身体に
水と糖が染み渡る〜！！

しっかり甘くて
おいしいなあ！

うんうん！

おいしく食べられる スイカの切り方

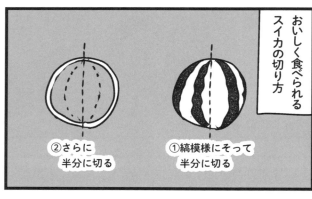

②さらに
半分に切る

①縞模様にそって
半分に切る

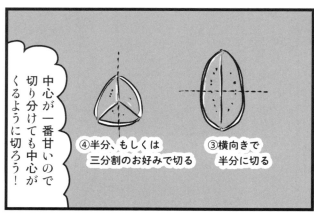

④半分、もしくは
三分割のお好みで切る

③横向きで
半分に切る

中心が一番甘いので
切り分けても中心が
くるように切ろう！

農作業の合間に…

井戸で冷やしたスイカを食べる…

風鈴の音に…

自然の風…

こんな暮らし、昔は思いもよらなかったなあ…

これぞ、日本の夏だなぁ…

何度か降る雨がさらに暑さを流す

暑さのピークも折り返しを迎え

ギーギラギン

雨が上がる頃には…

ピチャーン

涼しい風が秋を感じさせ始めていた

124

青々としていた稲たちは

少しずつ黄金色へと姿を変え

アハハハハハ

棚田の風景はやっぱり秋が一番キレイだなぁ

周囲を美しく染め上げ始めていた

ウチは山の中にあるから棚田が多い…

早よ行こ！

グイグイ

情緒くらい感じさせてよ！

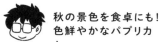

キキ

危なっ！

元気になるのは
虫だけではない

あ！

野生の動物たちも
冬眠を見据え
活発にエサを探し
始めるのだ

タヌキかぁ～

ゥ！ゥ！ゥ！

タヌキは夜中にも
敷地内に度々訪れ、
その度に犬が威嚇する

犬の使命感は
嬉しいが、どうしても
睡眠の妨げになって
しまう

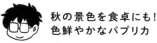

さらに、野菜の実りも充実してくる

あら！それ、パプリカですか？

そうだよー！

パプリカって夏のイメージですけど、まだ採れるんですね！

植える時期次第でもあるけど、意外と長いのよ！

十月くらいまでいけるかな！

知らなかった…

でも、たしかに、赤とか黄色とか…

色味が秋っぽいですもんね！

ってことで、今日は採れたてパプリカでごはんにしようね！

厚切りのベーコンは
角切りにする

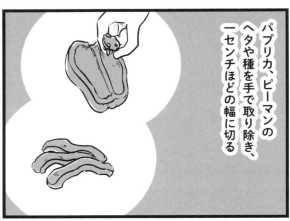

パプリカ、ピーマンの
ヘタや種を手で取り除き、
一センチほどの幅に切る

フライパンにごま油をひき、
ベーコンを炒める

ジュ

その後、パプリカとピーマンを
入れて軽く炒めたのち、
塩で味を整えれば…

130

郵 便 は が き

1 5 1 8 7 9 0

203

料金受取人払郵便

代々木局承認

6948

差出有効期間
2020年11月9日
まで

東京都渋谷区千駄ヶ谷 4 - 9 - 7

（株）幻 冬 舎

書籍編集部宛

1518790203

ご住所　　〒
　　　　　都・道
　　　　　府・県

フリガナ

お名前

メール

インターネットでも回答を受け付けております
http://www.gentosha.co.jp/e/

裏面のご感想を広告等、書籍の PR に使わせていただく場合がございます。

幻冬舎より、著者に関する新しいお知らせ・小社および関連会社、広告主からのご案
内を送付することがあります。不要の場合は右の欄にレ印をご記入ください。　　不要

本書をお買い上げいただき、誠にありがとうございました。
質問にお答えいただけたら幸いです。

◎ご購入いただいた本のタイトルをご記入ください。

『　　　　　　　　　　　　　　　　　　　　　　　』

★著者へのメッセージ、または本書のご感想をお書きください。

●本書をお求めになった動機は？

① 著者が好きだから　② タイトルにひかれて　③ テーマにひかれて
④ カバーにひかれて　⑤ 帯のコピーにひかれて　⑥ 新聞で見て
⑦ インターネットで知って　⑧ 売れてるから／話題だから
⑨ 役に立ちそうだから

生年月日　　西暦　　　　年　　月　　　日（　　　歳）男・女			
ご職業	① 学生	② 教員・研究職	③ 公務員	④ 農林漁業
	⑤ 専門・技術職	⑥ 自由業	⑦ 自営業	⑧ 会社役員
	⑨ 会社員	⑩ 専業主夫・主婦	⑪ パート・アルバイト	
	⑫ 無職	⑬ その他（　　　　　　　　　　　　　　　）		

このハガキは差出有効期間を過ぎても料金受取人払でお送りいただけます。
ご記入いただきました個人情報については、許可なく他の目的で使用することはありません。ご協力ありがとうございました。

ピーマンと
パプリカの
ごま塩炒めの
できあがりー！

やっぱり…！

いっただきまーす！

さあどうぞー！

赤、黄色に緑とこの彩り…

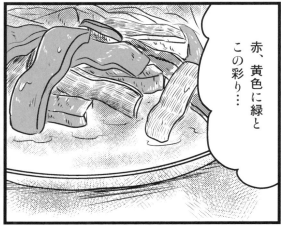

秋の紅葉みたいにキレイだなあ…！

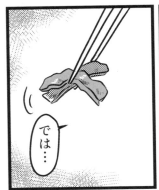

どした？
食べないの？

食べる食べる！

おいしーよ

では…

んまーい！！

パプリカの甘みに
ピーマンの苦味、
ベーコンの塩っ気…

彩りと同じくらい
たくさんの味を
一度に楽しめる！

パプリカが
厚めに切って
あるのも
いいなぁ…

パプリカの
果肉を
しっかり
味わえる…！

これからどんどん
秋が深まれば…

この料理
みたいに…

パプリカが
おっきく育った
からこそできる
楽しみ方だね…！

ぷっくり！

ウチの周りも
赤や黄色に染まって…

見た目もさらに
楽しい季節になるんだな…

それまでは
この料理で
目と舌を楽しませて
もらおう…！

133

田んぼで作るのはお米だけじゃない…？

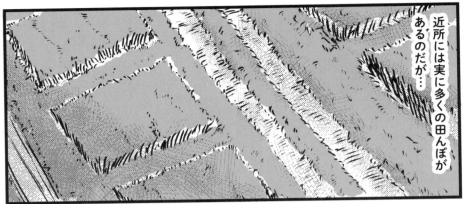

近所には実に多くの田んぼがあるのだが…

その全てで普通の稲を育てているわけではない…

WCS…用の稲？

なんのこっちゃ…？

普通の稲となにが違うのかな…？

134

ああ！
それは
ウシのごはんよ！

キッ●ーマンの
商品ブランド
みたいですね

う●の
ごはん♪

じゃなくて

人間のための稲
じゃなくて、
ウシの飼料として
使う稲のことよ！

雑草でも食べるけど、
よりよいごはんを
ってことか…

でも、わざわざ一部を
ウシ用の稲にするより、
他の田と同じ、
普通のお米にした方が
楽そうだけど…？

まあねえ

でも、
普通のお米は
生産量を
減らさないと
いけないから

ああ…

135

様々な国の食文化が溢れる現代、お米の消費量は少しずつ減少している

僕自身も米以外の食事を楽しんでいるので、そのことを否定するつもりはない

ハンバーガーうまい

しかし、それによりお米が余ることになり、減反を余儀なくされている米農家は

それでは農家の収入が減り、生活が立ち行かなくなる…

うわっ…農家の年収低すぎ…？

そこで、使われていない田んぼでウシ用の稲や

野菜などを生産し、収入の足しにしているのだ

麦や大豆

そしてウチでは先ほど話に出たウシの飼料用の稲を生産している

さて、収穫していきますよっと！

まずは大型の草刈機でバリバリと稲全体を刈っていく

バリ
バリ
バリ
バリ

一晩寝かせて乾燥させ…

専用の機械で稲をロール状にまとめていく

ゴロー
ゴロン

が
が
が
が
が

さらにロールされた稲を…

ポリエチレン製のラップで巻き上げていく

これを一カ月ほど放置することで発酵が進み、長期保存が可能になったりウシの肥育に有効な栄養が増したりするのだ！

よっ…

結構重いんだよなぁ…

こうして飼料はできあがり、各地のウシたちの胃袋まで届くのである

ウシのごはん
作ってたら
こっちがお腹
すいちゃったよ〜…

こうして無事に
作業は終わり…

あっ
冷凍庫から
牛肉発見した!

巨大冷凍庫

冷凍庫の中身も
減らしたいし、
今日はこれで
晩ごはん作りますか!

肉———っ!

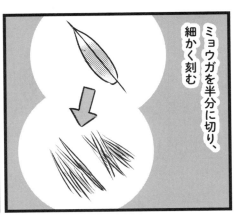

ミョウガを半分に切り、細かく刻む

牛肉を食べやすい大きさに切り、酒を揉み込む

味噌、酒、砂糖、みりんを混ぜてタレを作る

フライパンで牛肉を炒め…

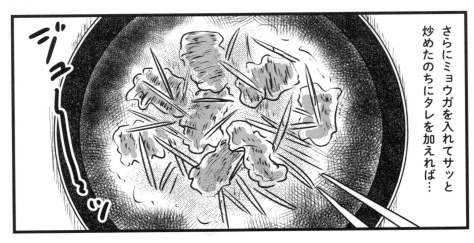

さらにミョウガを入れてサッと炒めたのちにタレを加えれば…

ジュー

ミョウガの
肉味噌炒めの
できあがりー！

はいどーぞ！

いっただっき
まーす！

いただっき
まーす！

気持ちは
わかるけどね…

お肉はテンション
上がる！

では…

お肉ー！
お肉ー！

がっついて
ますなぁ…

ヒョイ
ヒョイ

柔らかい牛肉と
ミョウガの歯応え…

「フワッ＆
シャキッ！」
がたまらないねぇ〜！

そして甘じょっぱい
甘味噌のタレ…

ご飯に
合う！ 合う！ 合う！

142

田んぼで作るのは
お米だけじゃない…?

そう考えると
面白いな…

ウシの
ごはんを
作った後に
ウシを食べる
とはねー

たしかに…!

人間が作った飼料を食べた
ウシがいつか食卓に届いて、
それを食べた人間が
飼料を作るための元気を
もらう…

農家の暮らしって
そんな循環の
繰り返しなのかもな…

そんな循環の中で
生命をくれた
ウシに格別の感謝を
しておこう…

ごちそう
さまでした!

お！

来たじゃ！

秋も進み、稲が頭（こうべ）を
垂れるほど実った頃…

親戚の力も借り…

どうもー！

お願いします〜

ついに稲刈りが始まった

がががが

稲刈りはこの「コンバイン」という機械で行われる

がががが

コンバインは稲を刈り取りつつ、モミ（実）と茎の部分を分けてくれるすごく便利な機械なのだ

先に隣の田んぼに行こうか

はい！

便利なコンバインだが実は手で刈り取る部分もあるのだ

田んぼの四隅を刈り取ることで、コンバインが曲がるスペースを作らなければいけないのだ

この刈り取りの時のマツさんは普段の三倍のスピードで動くことができる

サクサクサクサクサ

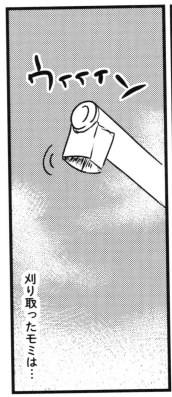

ウィィィィン

刈り取ったモミは…

ドザァァァァ

すぐにトラックに積んだ
カゴに移され…

そこで乾燥や脱穀、
袋詰めまで行い、全国に出荷
されていくのだ…

カントリーエレベーターと
呼ばれる施設に運ばれる

米の城という
ネーミングセンス…

さらにコンバインで分けられた茎の方は…

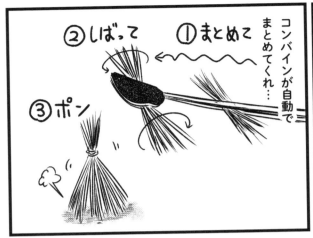

コンバインが自動でまとめてくれ…

①まとめて

②しばって

③ポン

そのまま乾燥させることでのちにウシのエサとして利用される

石器時代の村のミニチュアみたい…

でも、一つの機械で米の収穫だけでなく、残りも有効活用できるってすごいな…

長年の知恵や苦労が今の便利さにつながってるんだ…

148

おつかれさま〜

じゃあ、
続きは
また明日！

よろしく
お願い
します〜

パウロくんも
ありがとうね！

いえいえ！

身体中に
ワラが…！

じゃあ、これから
ごはん作るから
お待ちください！

はーい！

ご飯のもとを収穫して
すぐにごはんを作る…
忙（せわ）しないなあ…

149

鶏もも肉を一口サイズ、にんじんを短冊に切り、

ごぼうはささがきにして、キノコは手で裂く

しょうゆ、酒、みりん、和風だしなどの調味料と水を炊く量に合わせて入れる

お米を研ぎ、先ほど準備した食材を入れ…

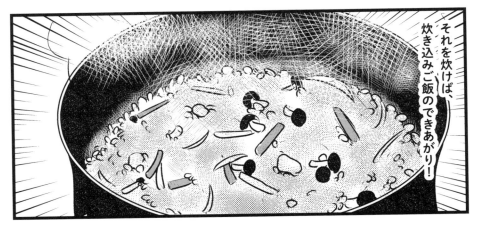

それを炊けば、炊き込みご飯のできあがり!

150

キレイな色〜！

へいお待ち！

わーい！

では…

いっただき
まーす！

いい匂い〜！

わかるわかる！

そして味は…

あー…

調味料だけじゃない…
鶏肉や野菜の旨味も
めちゃ出てる…

\んまーい!!/

その旨味を全部お米が
受け入れてくれてる〜!

炊き込みご飯
おいしいねぇ!

ありがとうー!

今日の晩ごはん
これだけでいいわ!

おかずも
食べなさい!

当たり前だ！

しゃーない

炊き込みご飯
だけでお腹
いっぱいに
したいくらい…

でも、
その気持ちは
わかる…！

炊き込みご飯って
それぐらいおいしい
もんな…

様々な具材や調味料を
全て受け入れる
お米の偉大さよ…

今日とった
新米で炊き込みご飯
食べるのも
楽しみだなぁ…

パウちゃんも
おかず
食べな！

周囲の木々が赤や黄色に染まり、秋の深まりを知らせてくれるようになってきた

りんごだ！

お！

近所の果樹園のりんごも一斉に実っている

おいしそ〜

お〜

それは我が家でも同じく…

パウロさーん！

ちょっと手伝って欲しいんだけど！

はーい！

どうしたんですか？

忙しいとこ、ごめんね！

上になっている柿を採って欲しいんだけど！

これ、柿の木だったんですね

んじゃ！

まさに実りの秋ってわけですな…

カンカン

こんな小さな木にも実りがあるんだな…

もちろん果樹に限らず、畑の野菜たちも収穫の時期を迎えるものも多く

いつものように採れすぎて犬のおもちゃが増える時期でもある

ウチの野菜
あげたの
かな？

そんなある日…

またね
またー

お客さんか…

余ってたっ
ぽいもんな…

いいもの
もらったよー！

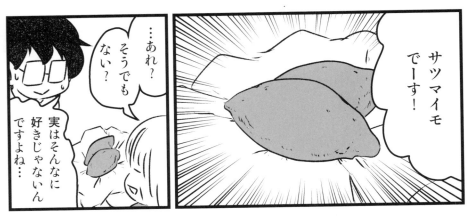

…あれ？
そうでもない？

実はそんなに好きじゃないんですよね…

サツマイモでーす！

ほう…

そういうことなら…

なんかもさっとして甘い感じが苦手で…

焼きイモとかもほぼ食べないです…

え!?
ありがとうございます！

うまく食べられるようなおかずにしてみますか！

フライパンでごま油を熱し…

サツマイモは皮つきのまま
五センチ程度の細切りにして、
水にさらしたのちに水気を切る

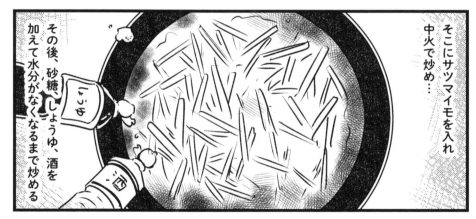

そこにサツマイモを入れ
中火で炒め…

その後、砂糖、しょうゆ、酒を
加えて水分がなくなるまで炒める

仕上げに追いごま油と
黒ごまを入れて混ぜれば…

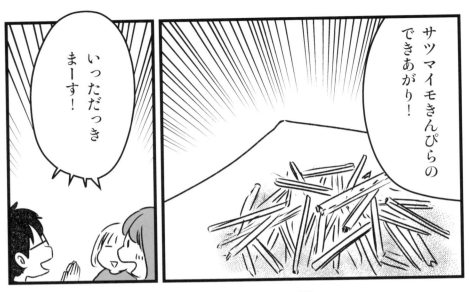

ごま油やしょうゆの
味付けのおかげで
全然大丈夫だ〜！

むしろ、ご飯にすごく
合う甘じょっぱさ…！

これなら大丈夫
そうかな？

めちゃくちゃ
大丈夫です！

この歳で
サツマイモを楽しめる
ようになるとは…

岩手に来て数年経つけど、
まだ食事で新しい発見を
させてもらえる…

おかげで今までより
秋が楽しくなった…

感謝の秋ですな…

161

山々を赤や黄色に染めた紅葉も
少しずつ落ち始め、
秋の終わりを感じさせる頃

今年の役割を終えた
田んぼでは田起こしが
行われていた

がががが

土に残った稲の株を
粉砕することで
幼虫が冬の間生育する
場所をなくすことが
できる

翌年にいい米を作るため
雪で田んぼが埋まる前に
行わなくてはいけない
大切な作業なのだ

この間稲刈りが終わったばかり
なのに、もう来年のことを
考えなくちゃならないんだな…

重たっ…

来年の準備だけではなく
目の前の冬への備えも
行わなくてはならない

よっ…

ガタ
ガタ

シートで覆い
来年まで休んでてもらう

農機を納屋に運び入れ

バッ！

163

食べ物の保存も備えの一つであり…

この日は玉ねぎを軒下に干していた

これでどう？

いいじゃ

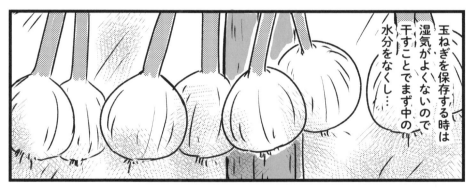

玉ねぎを保存する時は湿気がよくないので干すことでまず中の水分をなくし…

数週間干したのち、新聞紙でくるみ…

湿気のない、風通しのよい場所に置くことで長期の保存が可能になるのだ

そっちは干さなくていいの？

いいじゃ！

いいの？

作物を育てにくい冬を越すための先人の知恵である

あれ？

これはもう干し終わったやつだから！

今日の晩ごはんのおかずにしてもらうじゃ！

いいねえ！

今日のごはんはなにになるかな？

冷蔵庫に魚が入ってたから、それも使うんじゃない？

玉ねぎと魚…

楽しみだなー

玉ねぎは薄くスライスする

しめじは石突きを取って裂き、鮭の両面に塩コショウをふっておく

アルミホイルに玉ねぎ、鮭、しめじの順に重ね、酒をふってバターをのせる

ジーーーーー…

アルミホイルで包み、オーブントースターで十〜十五分蒸し焼きにすれば…

鮭のホイル焼きのできあがりでーす！

さあ召し上がれ！

いい匂い〜！

では…

いただきます！

しょうゆかけちゃっていい？

あたぼうよ！

トぽぷ

しょうゆと溶けたバターの
絶対的な組み合わせ…

さらにホカホカの
鮭の旨味が玉ねぎに
染み込んでて最ッ高…

んまーい！

パク

これから
どんどん…

寒さが厳しく
なるけれど…

ご飯が進む
味付けだよね！

まったく！

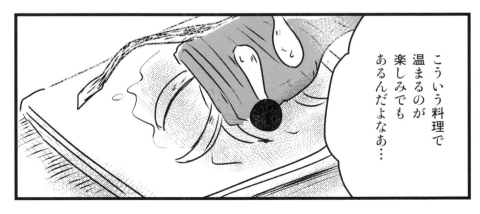

こういう料理で
温まるのが
楽しみでも
あるんだよなぁ…

169

鏡もちも自家製!? 農家のお正月

大掃除やご祈禱など、新年に向けた準備を早めにすませ…

いつも年末年始は僕の実家に帰省している

この時は仕事も忘れ、甥っ子姪っ子と遊んで過ごすのが近年の楽しみだ

そして三が日も
終わる頃に岩手に帰る

あけまして
おめでとう！

これ
お土産

おめでとう
ございます！

帰ってすぐ
目につくのは

ドシンと構える、
巨大鏡もちであった

いつもこれくらいのサイズだけど?

マジで?

実家はパックの鏡もちだし…

プラスチック

切りもちがたくさん入ってる

パカーン

ご家庭でこの鏡もちは見たことないぞ…

でも、たしかにこの家なら作れるのか…

他の米とまぜないでね!

ハーイ

飯米

もち米

飯米

飯米

我が家では普通の米だけでなく、もち米もちょっと作っている

とはいえ、普通の米と育て方に大きな違いがあるわけではなく…

ガガガガガガガガ

使う肥料や植える時期を変えるくらいで手間は変わらない

なので我が家では
もちも全て自分たちで
作っているのである!

木の道具使って
もちつきするの?

こーいっ…

杵と臼ねー

我が家では
こちらを
使います!

家庭用
もちつき機〜

これなんぞ!?

家庭用もちつき機は、もち米を入れたらボタン一つでもち米を蒸したり、叩いたりして柔らかくしてくれる優れものなのだ!

もち米を入れてフタをする

家電量販店好きでよく行くけど、見たことなかったわ…

我が家でのおもち作りはおばあちゃんのマツさんがメインである

おぉー

ガタ ガタ ガタ

できあがったもちに片栗粉をまぶして成形し、一晩乾燥させれば…

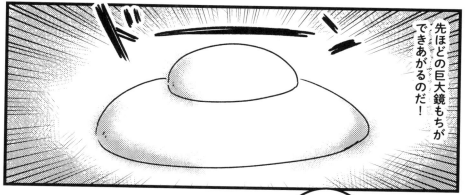

先ほどの巨大鏡もちができあがるのだ！

今日のうちに切っておいて、明日食べようね

包丁をあたためると切りやすい

？

ヒィヒィ

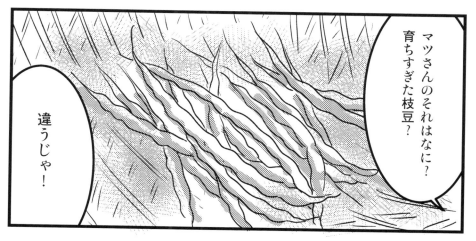

マツさんのそれはなに？育ちすぎた枝豆？

違うじゃ！

175

これは「あずき」じゃよ！

あずきにもさやってあるの！？

さやをむけばあずきが出てくるよ！

ほんとだ…見慣れたやつ…

このあずきを使っておもち用のあんこを作るじゃー！

さやをむいた
あずきを一晩、水に
ひたしておく

翌日、あずきを鍋に移し、
水をひたひたに入れる

ひた

ひた

そのまま煮ればいいのだが、
我が家ではコンロではなく
石油ストーブでのんびり
煮ている

グッ

グツ

時折、様子を見ながら
後半に砂糖を加え、
さらに煮ていけば…

ナー

バウー

177

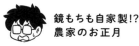

それにしても…

おもちやあんこを
最初から作るって
発想は
なかったなあ…

味つけとか

形とか

伝統の料理こそ
ご家庭単位で
違うんだな…

ウチでは
それが
当然だった
けどねえ

は〜…

自分の「当たり前」を
覆してくれるから、
結婚って面白いよなあ…

高級肉を作る! 畜産農家の特権とは

モーウ　モーウ

おはよー!

今ごはんあげるからな!

我が家は二〇一九年七月まで肉牛の生産も行っていた

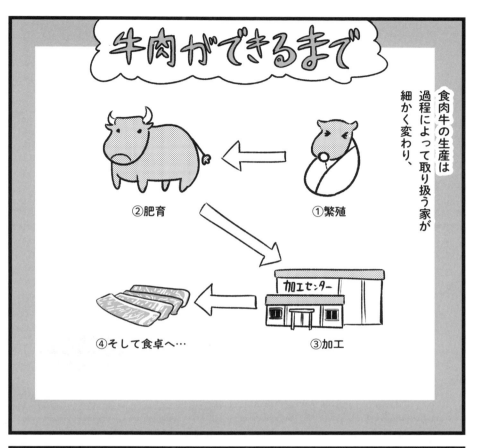

「繁殖農家」とは出産用の母牛の管理から種付け、出産、そして生後十カ月程度までの子牛を育てることが仕事になる

その後、子牛はセリに出され、肥育農家に買ってもらうことで繁殖農家の利益が生まれるのだ

高くなれ…

高くなれ…

ところで、このセリ会場の一角にはあるコーナーが設置されている

がや

がや

地元出身の和牛たちの

特売市である!

ステーキ用に
すき焼き用、
ローストビーフ……!

育てた牛たちが
いろんな姿に
変わっている…

いい和牛を
お得に買えるのが
畜産農家の特権
だなぁ…

今回はシンプルに鉄板焼きで味わうことになった

ホットプレートは岩手に引っ越す前に夫婦で使ってたものがあった

もちろん肉だけではなく、採れたての野菜たちが周囲を彩ってくれる

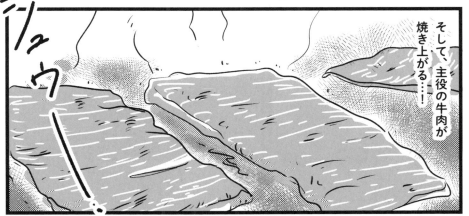

そして、主役の牛肉が焼き上がる…！

柔らかっ！！

うまーっ！！

ベタなレポーター
みたいな感想が
出てしまうくらい
柔らかい…！！

すっごく
やわらかいです〜♡

しかもこの味…

アゴが怠けてしまう…！

ズーッ

感想言うのにまた
ベタレポーターの魂が
乗り移ろうとしてる…！
あ…あ……！

これが和牛の「旨味」の秘密だったのか…！

脂肪が細かく入ってるから口どけもよくなって柔らかく感じる…！日本ブランドすげぇ…！

一頭の牛にたくさんの人が関わって…

やっとできるのがこの味なんだ…！

肉が高級になる理由、わかった気がするな…

みなさ〜ん！
見てください〜！

すっごく
おいしそうな
松阪牛ですよ〜！

おいしそ〜…
さすが
ブランド牛！

ほんとだねえ

……

そういえば
さあ…

この間売れた
うちの牛は
どこに行ったの
かしら？

さあ…？

知らないの!?

セリの会場まで
ついていった
くせに！

まあまあ…
マツさんに
聞いてみよ？

ってことで…

あの牛は
どこに行ったの
かなあ？

じゃ！

あの子は
米沢に行った
じゃ！

山形の!?
米沢牛で有名じゃん！

ブランド牛を決めるのは
出身地ではなく、
どの土地で
「もっとも長い肥育期間」を
過ごしたかなのだ(※)

米沢

自分、岩手出身です!
よろしく
お願いしまっす!

なので、「●●牛」と
銘打たれていても
生まれはバラバラで
問題ないのである

全員 米沢牛

自分は
宮崎

ええー…

オレは
長野

ブランド牛って
そんな感じ
だったのか…

どこの生まれか
ってより、
どこでどうやって
育ったかの方が
重要なのじゃ!

※各自治体によって定義は様々です。

193

でもたしかに…

人間でもそれは言えるかも…

パウロやん！久しぶりやなぁ

うぉっ

関西に引っ越した地元の友人が…

がっつり関西弁になってたりしたしなぁ…

俺も今はまだ全然だけど…

岩手弁使いこなして岩手県民名乗るのかもな…

もうすぐごはんですよー！

今日のごはんはなーに？

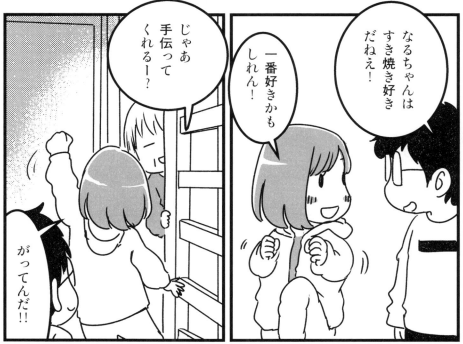

195

便利な世の中

市販のすき焼きのタレで充分おいしい。便利な世の中だ

我が家で採用されているのは肉を焼くのではなく割り下で煮込んでいく、「関東風」のすき焼きである

トントントントン

野菜を適当な大きさに切り…

使う野菜も、自宅で採れたものが惜しみなく使われる

ハクサイ　長ネギ　シュンギク

肉や豆腐、しらたきも一緒に煮込んでいく

グツグツ

これだけで贅沢なすき焼きの完成である！

わーーい！

後は卵を割って…

具材を取り分ければ…！

肉！！

肉！！

いよいよ食べられる！

パクッ

いっただきまーっす！

しあわせ～…

あー…楽しい…

ミニすき焼き～！

パ———ン!!

なるちゃんも
幸せそうだ…

自分の好物よりも
誰かの好物の方が…

その人の幸せを
感じられて
いいよなぁ…

岩手県の郷土料理、ひっつみってなぁに？

各地域にはその土地の歴史や風土が生んだ「郷土料理」が存在する

ふーちゃん
ただいまー！

お腹すいたでしょ？

ごはんあげ…

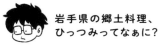

やれやれ
情けない
男だぜ…

ぐぬ！

ひっつ…

は？

？？

ええ〜知らないの〜？

自分だって新潟の
「のっぺ」知らな
かったでしょ！

のっぺ

新潟独自の煮物
色々な具を煮る

あれも
おいしかったわ〜

では、無知な
パウちゃんに
ひっつみのこと
教えてあげる！

メーイクアーップ！

フツーで
いいよ…

「ひっつみ」とは…？
岩手県で食べられている
汁物の郷土料理

鶏肉や数種類の野菜のスープに
小麦粉と水で作っただんごが
入っているのが最大の特徴である

おいしいん？

おいしいよ～！

すいとん
みたいな
感じ？

そうそう！

昔からマツさんが
作ってくれる大好きな
一品だったの！

できた
じゃよ～

わー・・

子なる→

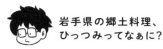

んまんま！

俺で言うところのカレーやチャーハンクラスかな…？

そんな昔から好きだったのか…

なるちゃんの相当な好物なんだな…

そう考えたら楽しみになってきた！

でしょ！

なるちゃーん！

野菜切るの手伝ってじゃ！

はーい！

鶏肉、大根、ごぼう、セリ、にんじんを食べやすい大きさに切る

薄力粉に水を加えながら耳たぶぐらいの柔らかさになるようにこねる

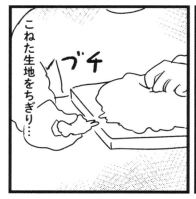

こねた生地をちぎり…

ブチ

鍋に水、しょうゆ、和風だし、みりんを入れ、沸騰したら切った食材を入れて煮込む

鍋に落として煮込んでいけば…

ボチャ

ボチャ

家庭によって味付けや食材も変わるんだけど…

やっぱり食べ慣れたマツさんのが一番おいしいよ！

じゃ〜！

大事なのはキノコを使わないことじゃ！

しいたけとか入れる家が多いけど

使わないとメリットがあるんですか？

キノコ嫌いなわしでもおいしく食べられるじゃ！

制作者のエゴ!?

どんな身勝手な理由でも、誰かの一番になれることもあるのであった

ひなまつりに食べよう！ きりせんしょ

210

ももの
はな〜

ひな人形…
ですか？

そうだよー！

もうすぐ
ひなまつり
でしょ？

飾っておいて
あげないとね！

あなたの娘、
もう三十歳
ですが…

さいきん
コシが
いたくてねぇ…

まだ
飾るのか…？

いーんじゃない？家が華やいでいいことじゃん！

…まあ そうだけどさ…

アリガット

食べる？

マジか…？

わたしの年齢とか関係なく、毎年飾ってると思うよ？

生活の中に行事が根付いているのかな…

そういえば節分の時もしっかり豆まきしたなあ…

オニーそとー！

三月三日

珍しく二人で
なにか作ってる…？

お昼ごはんの
準備ですか？

ごはんじゃ
ないよー！

「きりせんしょ」を作ってるの！

きり…せん…？

「きりせんしょ」は岩手のおやつでね、ひなまつりの時に飾る風習があるの！

へえー！

ウチにも妹がいたからひなまつりはしてたけど…

ひなあられ食べるくらいしか記憶にないなぁ…

それ以外にも
「こびり」として
食べたりも
するんだよ！

こびり…？

「こびり」っていうのはね
「小昼」って書いてね…

農家の人がお昼ごはんの前に
食べるおやつって意味なの！

ってことで、
今日のこびり用に
準備してるから、
もう少し待っててね！

はーい！

鍋に水、ザラメ、しょうゆを入れて混ぜながら加熱する

米粉を加え、三分以上煮たら白い粉がなくなるまでかき混ぜる

グツ　グツ

その後、クルミと黒ごまを加えて一晩寝かせておく

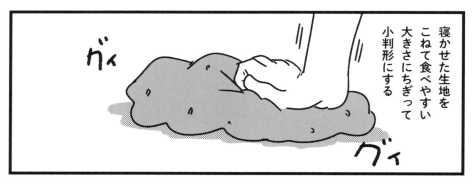

寝かせた生地をこねて食べやすい大きさにちぎって小判形にする

グィ

グィ

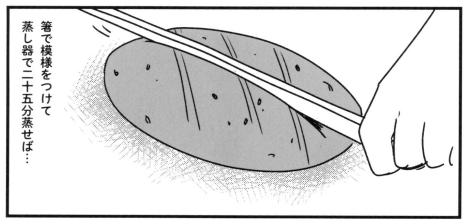

箸で模様をつけて蒸し器で二十五分蒸せば…

「きりせんしょ」の
完成でーす！

さあ、召し上がれ！

おやつ！
おやつ！

ワー

もっちもっち
している…！

米粉パワー
ですなぁ…！

もっち

もっち

そして一個で
この満腹感……！

体を使う農家には
最適のおやつって
ことか……！

ごちそう
さまー

ゲプ

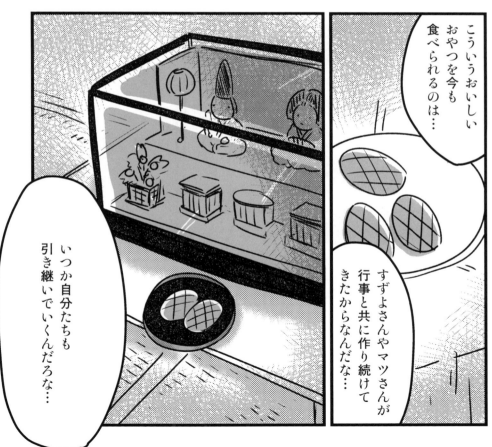

こういうおいしい
おやつを今も
食べられるのは……

すずよさんやマツさんが
行事と共に作り続けて
きたからなんだな……

いつか自分たちも
引き継いでいくんだろな…

ビニールハウスで収穫！晩冬を乗り切るほうれん草

三月に入り、岩手も少しずつ暖かくなってはきたが…

コタツからはまだ出られないなぁ～…

最高気温は未だ一桁で暖房器具が手放せない

はぁ～…！

なんか騒がしいな…？

誰かいるの？

マツさんたち、ハウスに行くのか…

ビニールハウスはこの時期でも太陽が出ていればかなり暖かく、天然の暖房器具になる

マツさんはここで暖をとりながら野菜の手入れをすることが多いのだ

カァカァ

自然の
サウナみたいな
ものかねえ

ネコたちもハウスの
暖かさをわかっていて
日中はよくここにいる

マツさん、
出かける時
上着着て
なかった？

ほんとじゃ！
！

ただいまじゃ！

？
あれ？

223

そっちは？

これ？

やっと上着もってきたんだ！

じゃ！

今日採れたほうれん草じゃ！

おお〜！

今晩のごはんに使ってもらおう！

なにになるかね？

寒い東北では
食でも暖をとる

味噌汁
いいですね！

味噌汁に
入れよう！

ほぼ毎食、食卓にのぼる

特に味噌汁は暖を
とるには最適なものであり

なるるが当たり前のように パンと
あわせて食べていた時は驚いた

ズズ…

実家は味噌汁が
必須じゃなかった
からな…

最初の頃は
驚いたもんだ…

作るぞーっ

225

まずはほうれん草を茹でる

ぐつ　ぐつ

茹でたほうれん草、豆腐をそれぞれ切る

和風だしを溶かしたお湯に豆腐とほうれん草を入れて一煮立ちさせる

ぐつ

ぐつ

一度火を止め、味噌を溶き入れて再び温めれば…

ビニールハウスで収穫！
晩冬を乗り切るほうれん草

でっき
あっがりー！

召し上がれー！

わーい！！

我が家の味噌汁には一つ特徴がある

あ、ゴメン！

これでもか！というぐらいに熱々なのだ！

あっっ！！

ズズ…

こちらとあわせながらうまく食べて！

！

コト

身体を温めたいという意識が強く表れた結果、すぐに飲めないという悲劇を生んでいるのだ

ぐっぐっ

（フッター）
注: 227

終

こりゃありがたい…

おおーっ!

ほうれん草のおひたしでーす!

うん！おいしい！

ほうれん草にしっかり味が染みてて、ご飯に合う！

さて…

おひたしで舌を冷ましたところで味噌汁リベンジよ…！

いっぱい採れるから一つの食材で料理のバリエーションが生まれやすいのね…

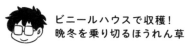

まだ熱いけど…

ゴク

なんとか飲み込める…

熱が身体中に広がる～っ！

んま～い！

じわ

ハウスの天然暖房や育てた野菜を使った味噌汁によるポカポカ効果…

自然と技術を活かして昔の農家は暖をとってたんだなあ…

おかげで春まで暖かく過ごせそうです…

229

自然の贈り物！ ふきのとうで春を感じる

僕が住む農村地域は一見すると何もないところである

しかし、いざ歩いてみると様々なものに出会うのである

ダッ

なに？
なに？

ピクッ

毒かもしれないしなぁ…

？

未だにもって帰ったことはない

正しい知識があればもって帰ることもできるのだが…

そんなある日…

ワイ

ワイ

…

「ばっけ」ってなに！？

マツさん「ばっけ」こんなに採ってきたの！

んじゃ！

「ばっけ」ってこれ？

おつかれ〜！

あらパウちゃん

ガラ

「ふきのとう」じゃん！

そうだよー！

ふきのとうのこと「ばっけ」って言わない？

？

言わないわ！

東北地方で使われる呼称の一つだそうです

汚れた外葉は捨てて、残りの葉を開いておく

天ぷら粉を水で溶いた衣にしっかり絡ませる

170℃くらいの低温に熱した油で揚げていけば…

ジュウウウ…

ふきのとうの天ぷらお待ち！

おお〜っ！

では…

いただきまーす！

サクッ

誰やキミ

まずは何もつけず、素材の味を堪能させてもらおうか

フォッフォッフォ

サクサクの食感に
マイルドな苦味…！

まさに
「大人の料理」！

コーヒーとか
ビールもだけど、なんで
大人になると苦味を
楽しめるんだろうな…

きっと「人生」って
いう名の一番苦い
食材を…

たくさん味わう
からだろうな…

たっぷりの間で
あっさいこと
言ってるなぁ

早く食べ
ないと
なくなって
いくよ

ああっ、
待ってくれ

次は塩で
いってみるか…

パラ

パラ

塩っ気と苦味の
コラボレーションが
たまらん…!

ご飯が
すすむ〜!

めんつゆも
ご飯に合って
おいしいよ

ほぼ天井
だなぁ

育てた野菜だけ
じゃなくて
自然からも採取
するのかぁ…

一見なにもない田舎も
宝の山になるんだなぁ…

正しい知識と
経験が身につけば…

2020年11月10日　第1刷発行

著　者　パウロタスク

発行人　見城　徹

編集人　菊地朱雅子

編集者　黒川美聡

発行所　株式会社 幻冬舎
　　　　〒151-0051 東京都渋谷区千駄ヶ谷4-9-7
　　　　電話 03(5411)6211(編集) ／ 03(5411)6222(営業)
　　　　振替 00120-8-767643

ブックデザイン　アルビレオ

印刷・製本所　株式会社 光邦

検印廃止

幻冬舎ホームページアドレス https://www.gentosha.co.jp/
この本に関するご意見・ご感想をメールでお寄せいただく
場合は、comment@gentosha.co.jpまで。

＊本書は幻冬舎plusにて2019年12月から2020年9月に連載していた
「農家メシ!」に加筆・修正と書き下ろしを加えたものです。